環状オリゴ糖シリーズ3

マヌカαオリゴパウダーのちから

──マヌカハニーと環状オリゴ糖との出会いで進化した健康機能性──

著者　寺尾啓二

目次　マヌカαオリゴパウダーのちから

はじめに

マヌカハニーには他の蜂蜜にはない食物メチルグリオキサール（MGO）という抗菌物質が含まれており、口腔細菌やピロリ菌に対する抗菌作用が知られております。また抗菌作用に限定されず、風疹、水痘、帯状疱疹、ヘルペス、インフルエンザ等の抗ウイルス作用も知られています。

一方、環状オリゴ糖であるαシクロデキストリン（αCD）にも抗菌作用（正確には溶菌作用）があることから、双方の抗菌作用を活かす目的でαシクロデキストリンによるマヌカハニーの粉末化とその利用方法を検討したところ、相乗作用によってマヌカハニーとαシクロデキストリンの何れよりも広範囲の悪玉細菌に対して強力な抗菌活性が得られることが分りました。

αシクロデキストリンは日本語ではα型の環状オリゴ糖、あるいは、αオリゴ糖といいますのでこの粉末をマヌカαオリゴパウダーと呼ぶことにします。相乗的な抗菌活性が発見されて以来、さまざまな研究が行なわれ、スキンケア効果、抗肥満作用、骨の健康増進作用、腸内環境改善効果など、実に多くのすばらしい健康・美容効果が見出されています。そこで、この本ではそれらの研究成果について紹介します。

マヌカαオリゴパウダーのちから　その1.

抗菌作用

マヌカハニーに抗菌作用のあることはよく知られています。そのマヌカハニーと同様に、私たちの研究室では、以前からαオリゴ糖の抗菌作用（正確には溶菌作用）に注目してきました。そこで、双方の抗菌作用を活かす目的で、αオリゴ糖によるマヌカハニーの粉末化とその利用方法の検討を行いました。

その結果、大変興味深いことに、αオリゴ糖水溶液にマヌカハニーを単に添加するだけではなく、噴霧乾燥して粉末化する工程を経ると、抗菌作用の単なる相加効果（x＋x＝2x）ではなく、相乗効果（x×x＝x2）による強力な抗菌活性が得られることが分りました。

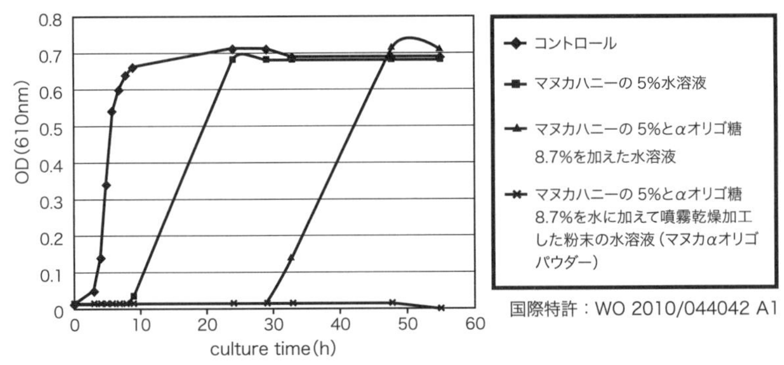

図 1-1　αオリゴ糖とマヌカハニー併用による黄色ブドウ球菌の抗菌作用

図1-1にその検討結果を示しています。黄色ブドウ球菌（**コラム1**を参照）のマヌカハニーとαオリゴ糖の単なる混合水溶液、そして、マヌカαオリゴパウダーによる増殖抑制作用（抗菌作用）をみたものですが、マヌカαオリゴパウダーのすばらしい作用が分っていただけると思います。

さらに、抗菌物質MGOの含有量の異なるマヌカハニーを用いて詳細な検討を行っています。

尚、**図1-2**～**図1-4**では、マヌカハニーをHと、マヌカαオリゴパウダーをCPで表しています。また、マヌカハニー1kg当たり、MGOを250mg以上含有するマヌカハニーをMGO250、MGOを400mg以上含有するマヌカハニーをMGO400、そして、500mg以上含有するマヌカハニーをMGO500と表記しています。

■マヌカαオリゴパウダーによる黄色ブドウ球菌の増殖抑制作用

マヌカαオリゴパウダー（CP）による黄色ブドウ球菌の増殖抑制作用を検討しています（**図1-2**）。マヌカハニー（H）２％水溶液とマヌカαオリゴパウダー（CP）２％水溶液の差を比較していますが、CP ２％水溶液に含まれるマヌカハニー含量は、その半分の１％でありながら、MGO250とMGO550ともに、CPの方が、黄色ブドウ球菌の増殖が効果的に抑制されていることが分ります。

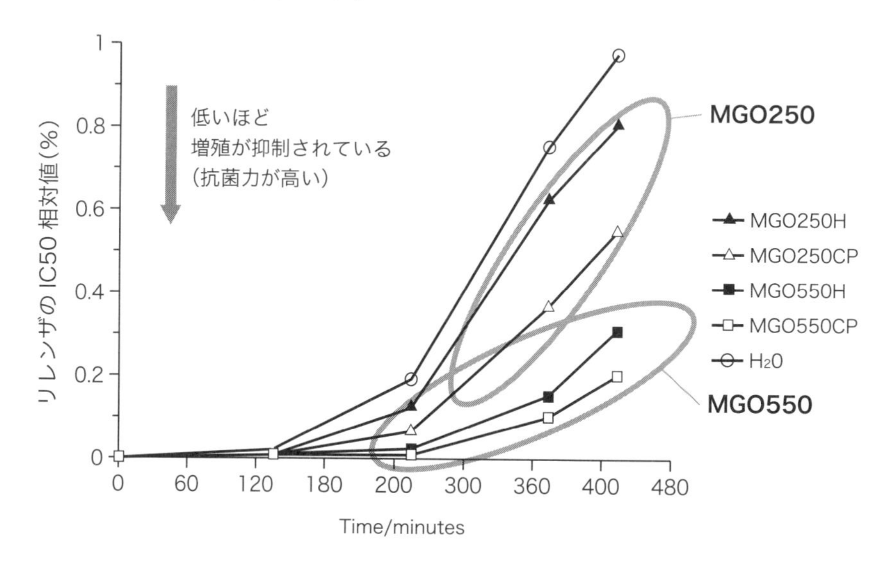

図 1-2　マヌカαオリゴパウダーによる黄色ブドウ球菌の増殖抑制作用

コラム１　黄色ブドウ球菌

ヒトの膿瘍（のうよう）等の様々な表皮感染症や食中毒、肺炎、髄膜炎、敗血症など致死的となるような感染症の起因菌

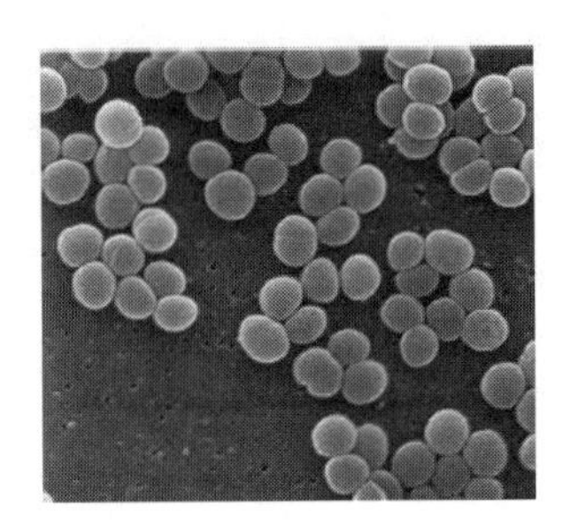

■マヌカαオリゴパウダーによる化膿レンサ球菌の増殖抑制作用

マヌカαオリゴパウダー（CP）による化膿レンサ球菌（**コラム２**を参照）の増殖抑制作用を検討しています（**図1-3**）。マヌカハニー（H）の２％と４％水溶液とマヌカαオリゴパウダー（CP）の２％と４％水溶液の差を比較しています。MGO550のマヌカハニーの２％水溶液では完全に増殖は抑えられていませんが、MGO250のマヌカハニーを用いたマヌカαオリゴパウダー（MGO250CP）で完全に増殖を抑えられていることが分ります。

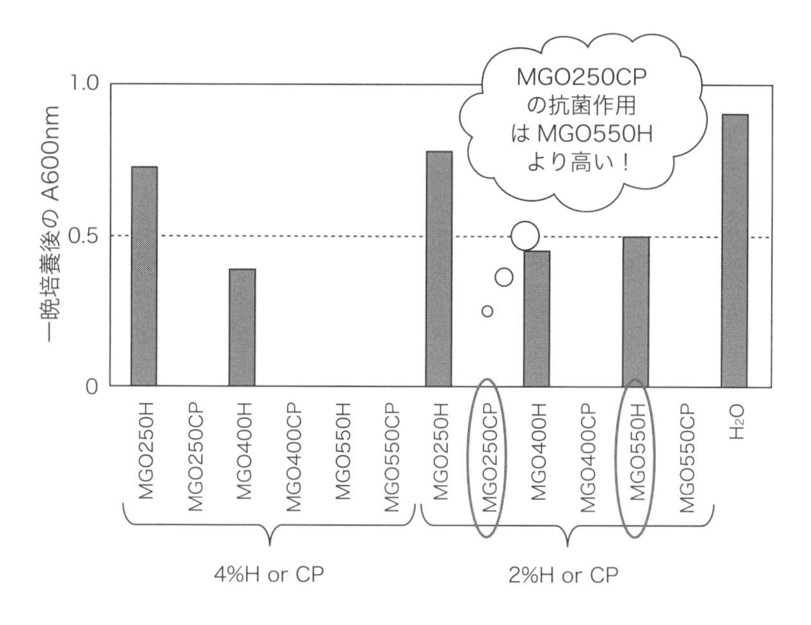

図 1-3　マヌカαオリゴパウダーによる化膿レンサ球菌の増殖抑制作用

コラム２　化膿レンサ球菌

健康なヒトの咽頭（いんとう）や消化管、表皮にも生息する常在細菌の一種。溶連菌感染症、化膿性疾患、全身性疾患、免疫性疾患など、多様な疾患の原因菌。この細菌は突然豹変して、劇症型溶血性レンサ球菌という人食いバクテリアに変身する。

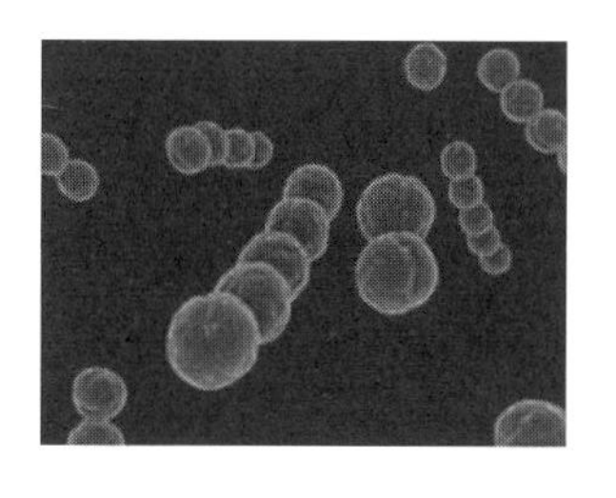

■マヌカαオリゴパウダーによるピロリ菌の増殖抑制作用

マヌカαオリゴパウダー（CP）によるヘリコバクター・ピロリ菌（**コラム３を参照**）の増殖抑制作用を検討しています（**図1-4**）。化膿レンサ球菌と同様にMGO550のマヌカハニー（MGO550H）の２％水溶液よりもMGO250のマヌカハニーを用いたマヌカαオリゴパウダー（MGO250CP）の２％水溶液の方がほぼ完全に増殖を抑制できていることが分ります。

このようにマヌカαオリゴパウダーの抗菌活性は、今後、食品分野だけではなく医薬分野においても研究が進められるに十分な結果となっているのです。

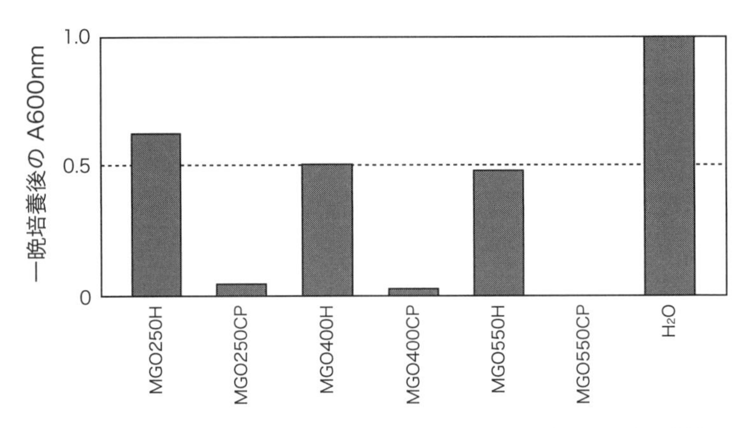

図 1-4　マヌカαオリゴパウダーによるピロリ菌の増殖抑制作用

コラム３　ヘリコバクター・ピロリ菌：

胃に生息する細菌。ウレアーゼ酵素を産生して、胃粘液中の尿素をアンモニアと二酸化炭素に分解し、生じたアンモニアで局所的に胃酸を中和して胃に定着している。慢性胃炎、胃潰瘍、十二指腸潰瘍、胃がんなどの発生につながる細菌。

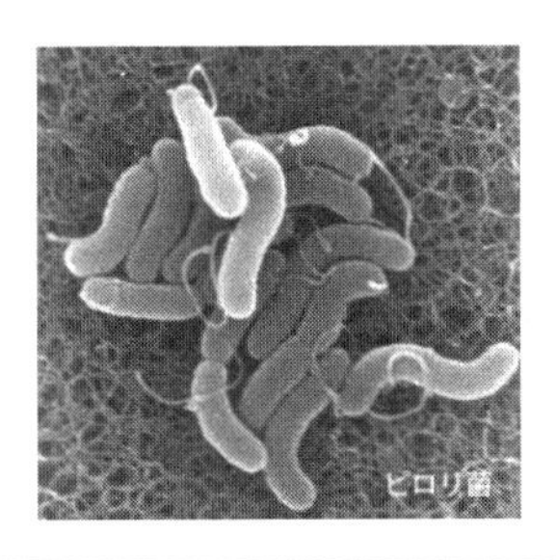

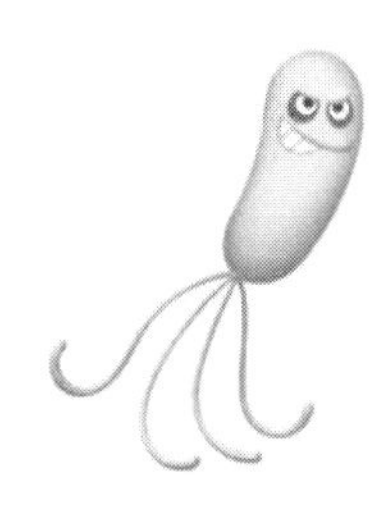

コラム４　驚きの抗ウイルス相乗作用：

マヌカハニーに関する研究報告には、抗菌作用だけでなく抗ウイルス作用に関する報告もあります。

長崎大学のWatanabeらの研究グループによって報告されました学術論文『Archives of Medical Research』を紹介します。

インフルエンザに感染した場合、医師から抗ウイルス薬として、一般には、リレンザやタミフルが処方されますが、この報告において、そのリレンザやタミフルとマヌカハニーの抗ウイルス相乗作用が検討がされ大変興味深い結果が得られています。リレンザやタミフルの単独使用と比較して、マヌカハニー（3.13mg/mL）を併用すると、何と驚くべきことにリレンザやタミフルの使用量を1000分の１近くまで減らしても同等の抗ウイルス効果が得られることが判明したのです。（「Original Article: Anti-influenza Viral Effects of Honey In Vitro: Potent High Activity of Manuka Honey, K. Watanabe, R. Rahmasari, A. Matsunaga, T. Haruyama, and N. Kobayashi, Archives of Medical Research（2014）」より引用。）

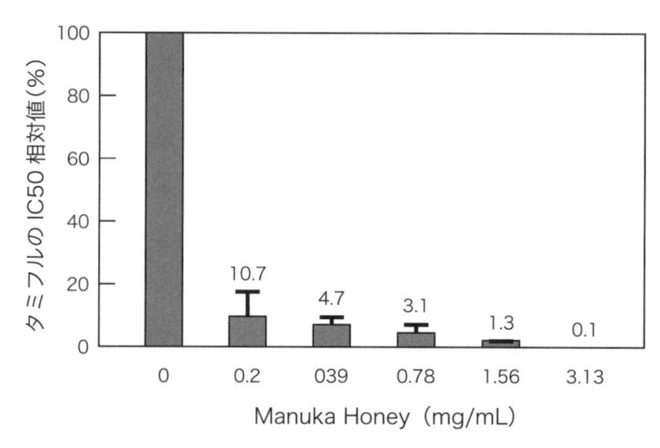

マヌカハニーを併用した際のタミフルの IC50 の相対値

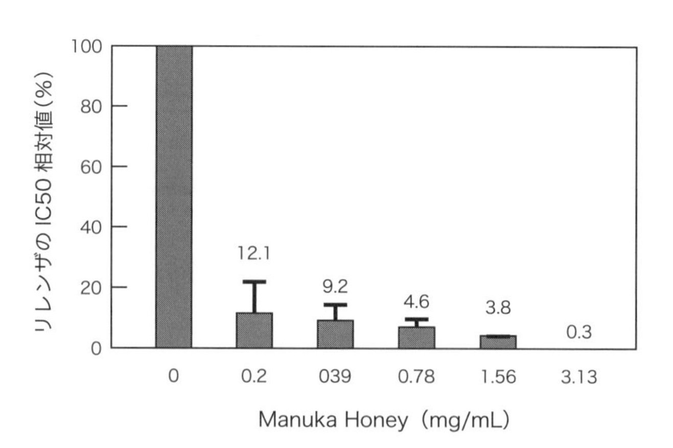

マヌカハニーを併用した際のリレンザの IC50 の相対値

マヌカαオリゴパウダーのちから　その2.

更年期障害における抗肥満作用、
脂肪低減作用そして、骨の健康増進作用

ここでは女性の更年期障害のモデルマウスを用いたマヌカαオリゴパウダーによる健康増進作用を検討したKatsumataらの学術論文（International Journal of Food and Nutritional Science 2015）を紹介します。

女性は閉経後、エストロゲン（女性ホルモン）の分泌低下が原因で、体重増加や体内に蓄積する脂肪量の増加、骨減少による骨粗鬆症など、いわゆる、更年期障害に陥りやすくなります。マヌカαオリゴパウダーは、このような更年期障害の改善に対して有効であることがわかりました。この研究では卵巣摘出マウスは閉経後の更年期障害に伴う疾患モデルとして利用されています。

コントロールとして見せかけの手術（シャムオペという）を行ったマウス群、普通の餌を自由摂取した卵巣摘出マウス群、５％のマヌカαオリゴパウダーを配合した餌を自由摂取した卵巣摘出マウス群、10％のマヌカαオリゴパウダーを配合した餌を自由摂取した卵巣摘出マウス群の４群に分け、餌を与え始めて９週間後、血液、子宮、盲腸、大腿骨を採取し評価しています。

更年期障害の女性と同様に餌を自由摂取した卵巣摘出マウスは、コントロールのシャムオペマウスに比べ明らかな体重の増加が確認されましたが、マヌカαオリゴパウダーを配合した餌を自由摂取した卵巣摘出マウス群では、その体重の増加は有意に抑制されています。

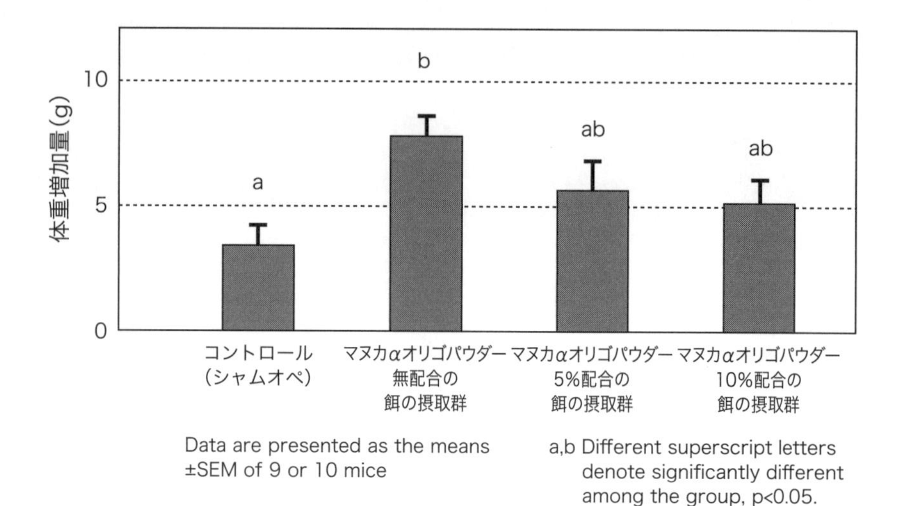

図 2-1 マヌカαオリゴパウダーによる卵巣摘出マウスの体重の増加抑制作用

さらに、卵巣摘出マウスは餌の自由摂取によって脂肪も有意に増加していきますが、５％～10％のマヌカαオリゴパウダーを餌に配合すると、その脂肪増加も有意に抑制されることが確認されています。

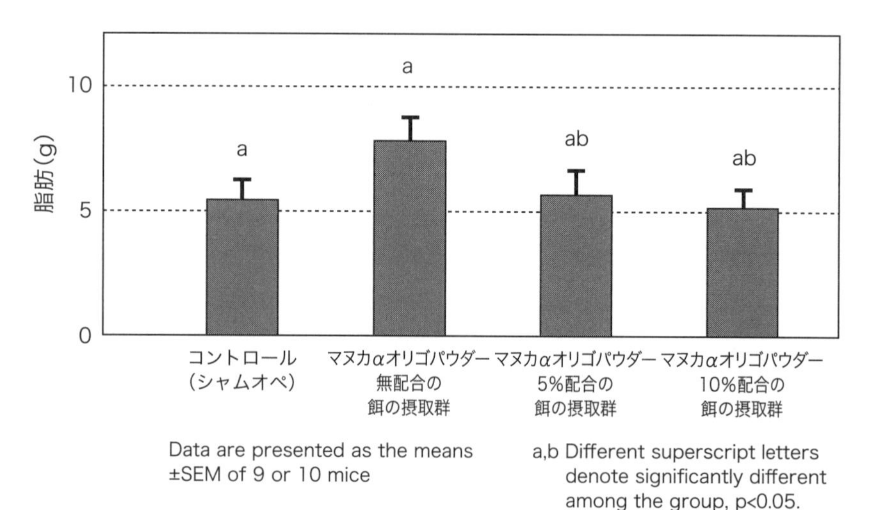

図 2-2 マヌカαオリゴパウダーによる卵巣摘出マウスの脂肪の増加抑制作用

次に、骨粗鬆症予防効果の評価結果を紹介しますが、その前に、骨粗鬆症について理解を深めるために、骨代謝に関するおおまかな知識を解説します。骨は、**図2-3**に示すように、破骨細胞が骨を壊し（骨吸収という）、骨芽細胞が骨を作る（骨形成という）ことを繰り返しており、1年間に20～30％が新しい骨と入れ替わっています。

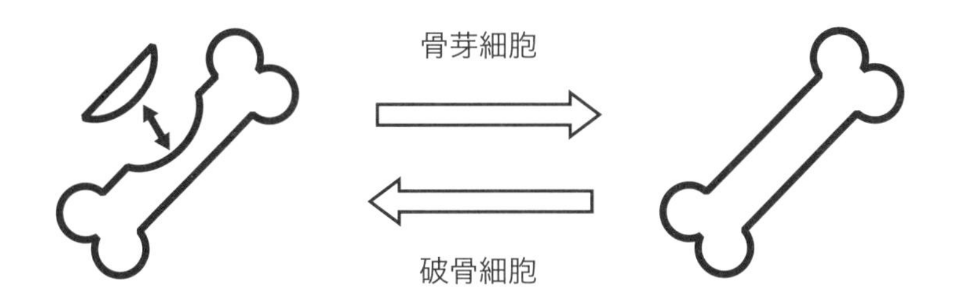

図 2-3　破骨細胞による骨吸収と骨芽細胞による骨形成

骨粗鬆症は、骨吸収が骨形成を上回る骨量の減少によって起こるのです。つまり、破骨細胞が骨を破壊することによって骨量が減少するのですが、その際に産生されるC-テロペプチドというタンパク質（CTx）が骨吸収マーカーとして、骨粗鬆症における治療効果のモニタリングや骨量変化の測定に利用されています。

では、その評価結果です。

コントロールのシャムオペマウスと比較して、通常の餌を自由摂取した卵巣摘出マウスの骨吸収マーカーであるCTxは有意に増加しています。

しかし、マヌカαオリゴパウダーを配合した餌を摂取した卵巣摘出マウスの場合、CTxの増加は有意に抑制されていることが分りました。

以上のように、マヌカαオリゴパウダー摂取による健康増進効果として、美人ホルモンと呼ばれている女性ホルモン、エストロゲンの分泌低下に伴う更年期障害を回避できる可能性が高いことが判明しました。

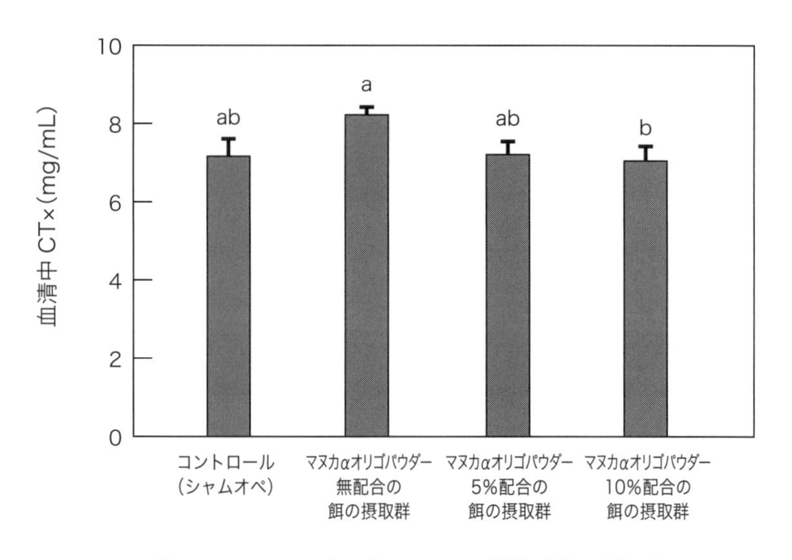

Data are presented as the means ± SEM of 9 or 10 mice.
a,b Different superscript letters denote significantly different among the group, $p<0.05$.

図 2-4　マヌカαオリゴパウダーによる卵巣摘出マウスの CT× 産生抑制

尚、このマヌカαオリゴパウダーの健康増進効果は抗菌物質のMGOによるものではなく、マヌカハニーに多く含まれるシリング酸メチル、ケルセチン、ケンフェロール、ルテオリン等の抗酸化物質としても知られているポリフェノールによるものであり、環状オリゴ糖のスーパー難消化性デキストリンであるαオリゴ糖によって、さらに、これらのポリフェノール類の機能性が向上したためと考えられます。

マヌカαオリゴパウダーのちから　その3.
腸内環境の改善

マヌカαオリゴパウダーの腸内環境改善作用が確認されています。ニュージーランドのマヌカヘルス社によって検討されました。マヌカαオリゴパウダーによる腸内環境を左右する善玉菌の増加と悪玉菌の減少を確認しています。

マヌカハニーにはそれ自体で善玉菌を増殖し、悪玉菌を減少させる作用があります。そこでまず、マヌカハニーの腸内環境改善効果を紹介しておきます。

マヌカハニーは単独で摂取しても、マヌカハニーに花粉やロ

Extract	Manuka honeyt	Bee pollen	Rosehip	Bracco Sprout	Blackcurrent oil	Strain
Manuka honeyt	+++	++++	+++	++++	+++	DPC16
	++	++++	+	++++	+++	DR10
	++	+++	++	+++	+	DR20
	---	--	---	---	--	DR20
	--	---	---	---	---	S. ent.

プロバイオティックス
lactbacillus reuteri (DPC16)
Bifidobacterium lactis HNO19 (DR10™) lactbacillus rhamnousus HN001 (DR20™)

病原性細菌
Eschericia doli O157 H7 strain 2988
Salmonella enteric serovar Typhimurium AECC 1772

Crop & Food Research Institute, a New Zealand Goverment reserch agency
In December 2007, reported:

図 3-1　マヌカハニーの腸内環境改善作用

ーズヒップ、ブラックカラント（カシス）オイルなど植物抽出油を併用して摂取しても、何れの場合でも、大腸菌Ｏ－１５７やサルモネラ菌のような病原性細菌は殺菌され、乳酸菌やビフィズス菌などのプロバイオティックスと呼ばれる善玉菌は逆に増殖されることが明らかとなっています。これまでに、悪玉菌を減らす作用のある、または、善玉菌を増やす作用のある機能性食品は多く知られておりますが、双方に有効に働く機能性食品はあまり例がありなく、マヌカハニー特有のすばらしい腸内環境の改善作用です。

2016年に「日本農芸化学会のジュニア農芸化学会」で金賞を受賞、「第6回高校生バイオサミットin鶴岡」にて『農林水産大臣賞』を受賞した埼玉県の山村国際高等学校2年生の高野美穂さんの『マウス腸内フローラから観察したマヌカハニーの機能性』『マヌカハニーのマウス腸内フローラに及ぼす影響～マヌカハニーは腸内フローラの悪玉菌をやっつけた～』というタイトルの研究発表があります。

まず、試験方法です。

マヌカハニーをヒトの体重60kgあたり1日の摂取量（5g、10g、15g、20g、30g）に換算して、マウスに1日1回、強制投与しています。また、比較として明治プロビオヨーグルトLG21もヒトの体重60kgあたり1本に換算して与えています。したがって、実験区は6区、対照区は水を与えた1区を設定し、それぞれ3匹を1区（n=3）としています。糞はテクニプラスト・ジャパンに委託し、T-RFLP（16S rRNA）法でマウス腸内フローラのプロファイルの解析を行っています。

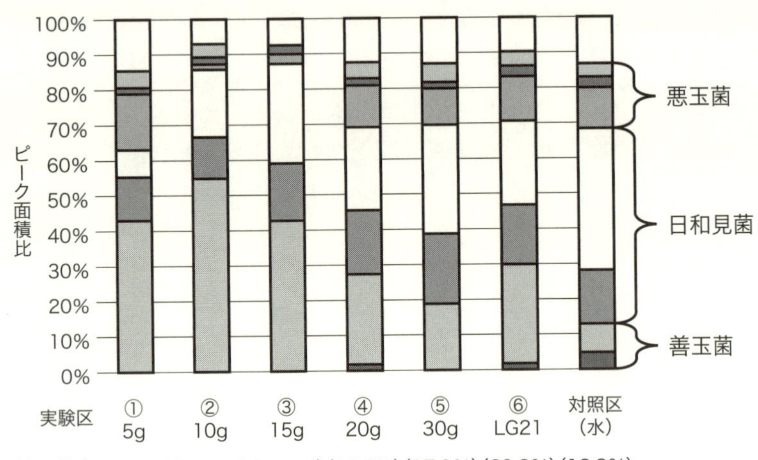

図 3-2　T-RFLP によるマウス腸内フローラのプロファイル

その結果、マヌカハニー投与によって「善玉菌」が増加し「悪玉菌」が減少することが分りました。10gから15gまでの間が顕著だったそうです。特に10g摂取の場合、腸内フローラの善玉菌が54.3%を占め、「日和見菌＋悪玉菌」とのバランスを改善し善玉菌優勢としています。対照区の水と比較すると、「善玉菌」は4.5倍増加し、悪玉菌は半分以下に減少しています。また、LG21との比較でも、「善玉菌」は約1.9倍増加し、悪玉菌は約半分に減少しています。

マヌカハニーは、市販されているプロバイオティックス飲料と比べても優れているというところも新知見のようです。さらに次のような報告があります。

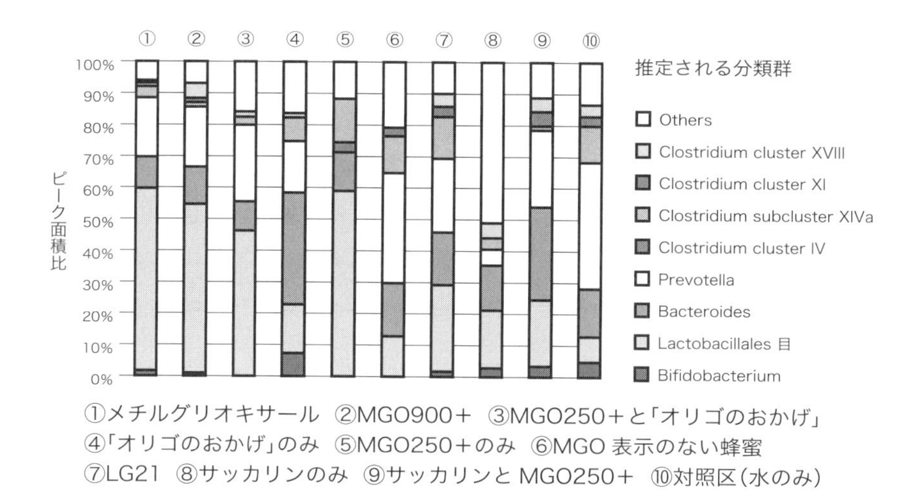

図 3-3 マウス腸内フローラから観察したマヌカハニーの機能性

① メチルグリオキサール（MGO）を900mg/Kg以上も高濃度に含有するマヌカハニー（MGO900＋といいます）ではなくても、マヌカハニー MGO250＋（250mg/Kg以上）にプレバイオティックスとして用いられるオリゴ糖（塩水港精糖の「オリゴのおかげ」を使用）を添加すれば、善玉菌の割合が増加する。（腸内フローラの改善）

② メチルグリオキサールのみを添加しても善玉菌の割合は増える。

③ マヌカハニー MGO250+のみでも、善玉菌が増える割合は、塩水港精糖のプレバイオティックスである「オリゴのおかげ」やプロバイオティックスである明治の「LG21」よりも高い。

④ 人工甘味料のサッカリンを与え、大きく乱れた腸内フローラにマヌカハニー MGO250＋を添加すると改善がみられる。
……などが確認されています。

一方、αオリゴ糖には悪玉菌に対するデータはないのですが、ビフィズス菌に対する増殖効果についてのデータはワッカー社が保有しています。10名の健常人によってαオリゴ糖を１日当り３ｇ、３週間摂取すると、便中のビフィズス菌は３倍以上になることが判明しています。

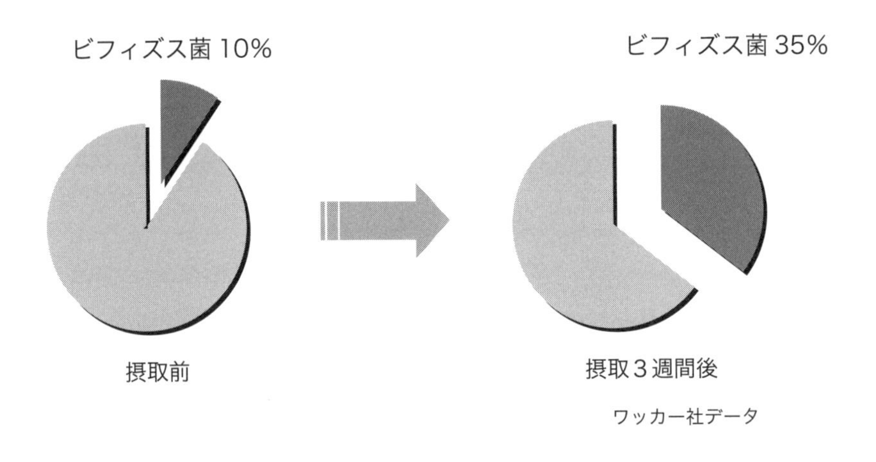

図 3-4　αオリゴ糖摂取によるビフィズス菌の増殖効果

それでは、マヌカαオリゴパウダーはどうでしょうか？

悪玉菌として、クロストリジウム・ディフィシレ（C. difficile）を検討に用いています。C. difficileは下痢や、大腸炎などのより深刻な腸の疾患 を引き起こす細菌です。**図3-5**に示しますように、マヌカαオリゴパウダーにキシリトールに比べて明らかな悪玉菌増殖抑制効果が確認されています。これは、これまでのマヌカハニー、αオリゴ糖、そしてその抗菌性相乗作用の検討結果から明らかです。

ここで心配されるのは、抗菌性が高まったマヌカαオリゴパウダーによる善玉菌への影響です。

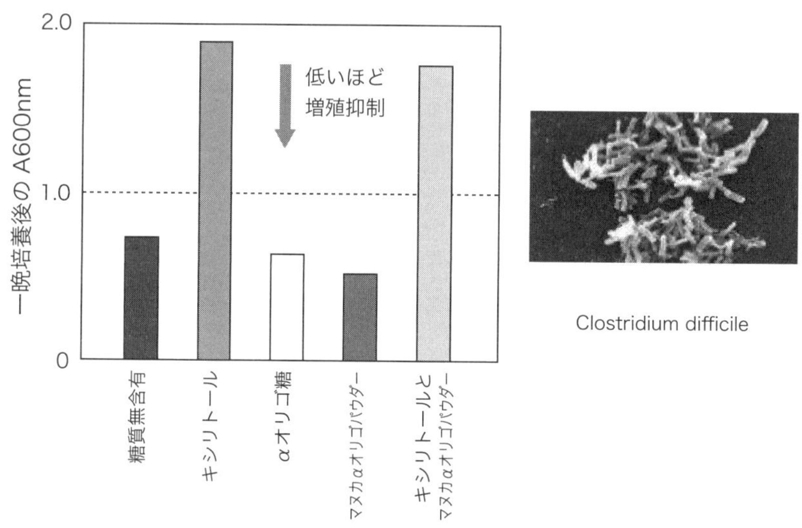

図 3-5　マヌカαオリゴパウダーによる悪玉菌の増殖抑制

図3-6と**図3-7**に示しますように、マヌカαオリゴパウダーによってビフィズス菌と乳酸菌は増殖が抑制されることなく、逆

に、増殖してくれる方に働いてくれています。つまり、マヌカαオリゴパウダーに腸内環境改善効果のあることが確認されました。

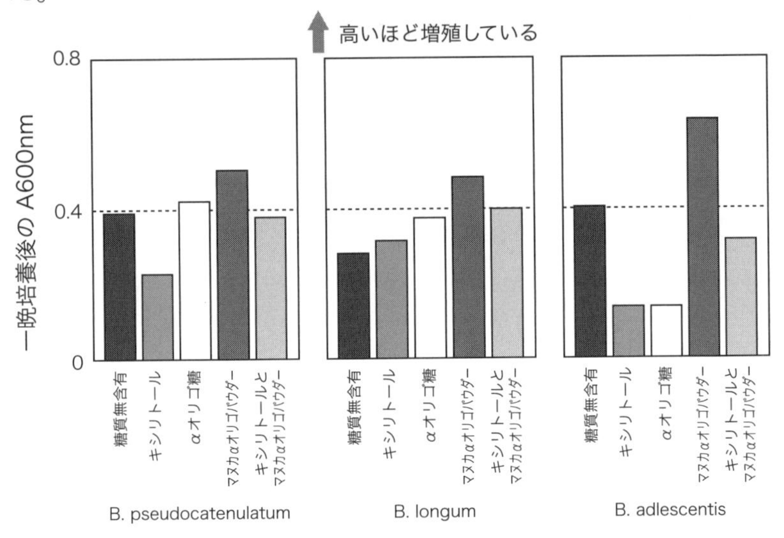

図 3-6　マヌカαオリゴパウダーによるビフィズス菌の増殖作用

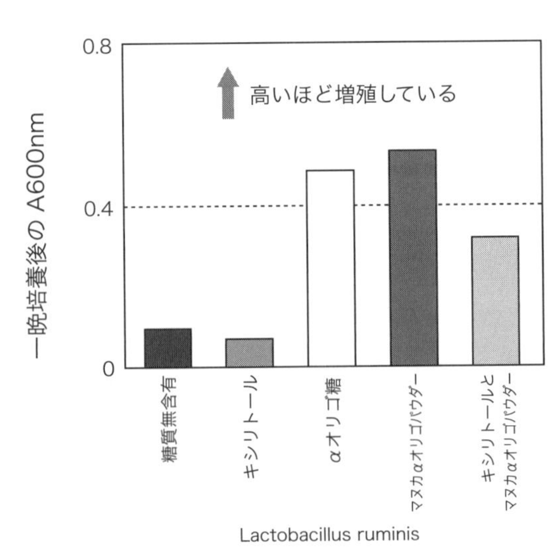

図 3-7　マヌカαオリゴパウダーによる乳酸菌の増殖作用

マヌカαオリゴパウダーのちから　その4.
スキンケア効果

そもそも、蜂蜜は古くから創傷治癒やスキンケアの目的で利用されてきたものです。最近では、2012年にイタリアのRanzatoらの研究グループによって、その蜂蜜の持っている創傷治癒力に関する機構が解明されました。

人には、トカゲのシッポが再生すると同じように手足が無くなると再生することはありません。しかし、皮膚の再生能力はあるのです。人の皮膚が傷つくと、傷口付近の血小板が凝集して血液が固化し止血されて、細菌の進入を抑え、上皮細胞が傷を塞ぎ、皮膚は再生されます。これを再上皮化といいます。Ranzatoらは蜂蜜にはその再上皮化作用を高める効果のあることを明らかとしたのです。

蜂蜜の中でも、マヌカハニーにはメチルグリオキサールという抗菌成分が含まれていることから、細菌の進入を防ぐための抗菌力が高く、古くは原住民マオリ族の治療薬として利用されていました。そして、現在では、ニュージーランドでは創傷治癒を目的とした医薬品が開発され、世界的に販売されているのです。

マヌカハニーは肌に塗ることで、医薬品分野では創傷治癒に、化粧品分野ではスキンケアに利用できる……ということで、私たちは、アクネ菌（Propionibacterium acnes）に対する各種蜂蜜、そして、マヌカハニーの抗菌力をさらに高めたマヌカαオリゴパウダーによる抗菌効果を検討することにしました。

使用した菌は私たちの顔に実際に存在するニキビ菌（アクネ菌）です。

液体培地にマヌカαオリゴパウダー８％（マヌカハニー含有量3.6%）、各種蜂蜜（3.6%）を添加して培養し、24時間と48時間の濁度（OD）を測定しました。
(⊿OD = OD − OD 0時間)

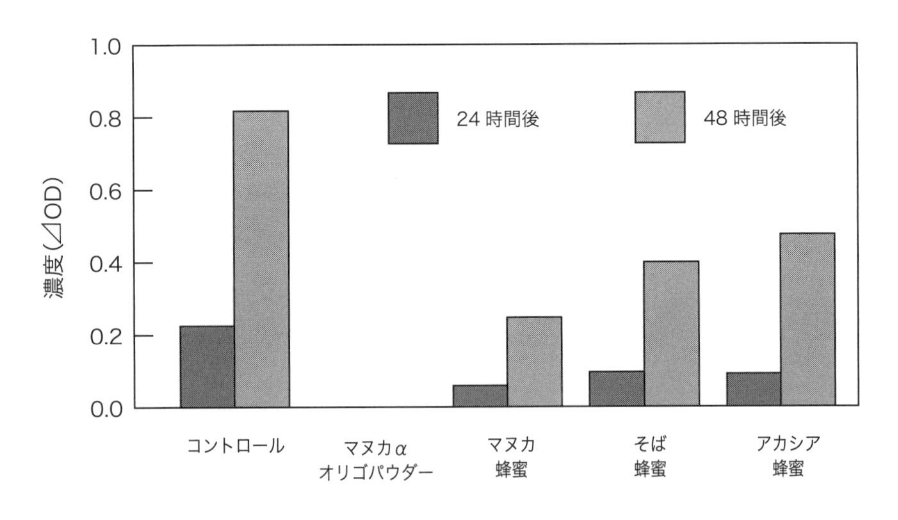

図 4-1　マヌカαオリゴパウダーによるアクネ菌増殖抑制作用

その結果、いずれの蜂蜜も濁度の増加が抑制されましたが、マヌカハニーは他の蜂蜜に比べ、明らかに、アクネ菌の増殖抑制作用の高いこと、そして、αオリゴ糖と組み合わせたマヌカαオリゴパウダーには群を抜いて高いアクネ菌の増殖抑制効果が観測されました。

尚、マヌカハニーには湿疹にも有効性が示されたことから、ニュージーランドではニキビケア用、そして、湿疹ケア用の化粧用クリームが開発され、現在、販売されています。そして、マヌカハニーのスキンケア製品はすばらしい評価を受け、2014年11月27日、米国の健康とビューティケアの優秀な発明製品を決定する実行委員会において、見事、最優秀賞の金賞を受賞しました。

マヌカαオリゴパウダーのちから　その5.
抗炎症作用

まず炎症について簡単に説明しておきます。

ピロリ菌感染を例にとってみましょう。ピロリ菌が胃の粘膜に感染すると炎症が起こります。感染が続くと、胃粘膜の感染部位は広がり、やがて胃粘膜全体に広がり、慢性胃炎となります。この胃炎は、その後、胃潰瘍、胃がんと進行していく大変な炎症です。

このようなピロリ菌などの細菌やウイルス（異物）が体内に侵入しようとした際、炎症性サイトカインという物質が大量に生産され、これらの異物を取り除くために働きます。しかし、この炎症性サイトカインという物質が炎症を引き起こすことにもなります。

炎症性サイトカインのなかでも代表的な物質がTNF-α（腫瘍壊死因子）です。文字通り、腫瘍を攻撃する物質ですので、私たちの体にはとても重要な物質です。

関節リウマチ患者の関節を調べるとTNF-αが通常より増えています。TNF-αは関節の痛みや腫れの原因だけではなく、他の炎症性サイトカインも作り、さらにリウマチを悪化させる作用もあるのです。そこで、TNF-αの産生を抑制できれば炎症も治まることになるわけです。

マヌカハニーには抗炎症効果があります。そして、その抗炎症効果には、マヌカハニーにMGOとともに特別に含まれているシリング酸メチルという抗酸化物質が関与しているのではないかと考えられています。

マヌカハニーには**図5-1**で示すように、アカシア蜂蜜などの一般の蜂蜜には含まれていない抗酸化物質のシリング酸メチルが含まれています。

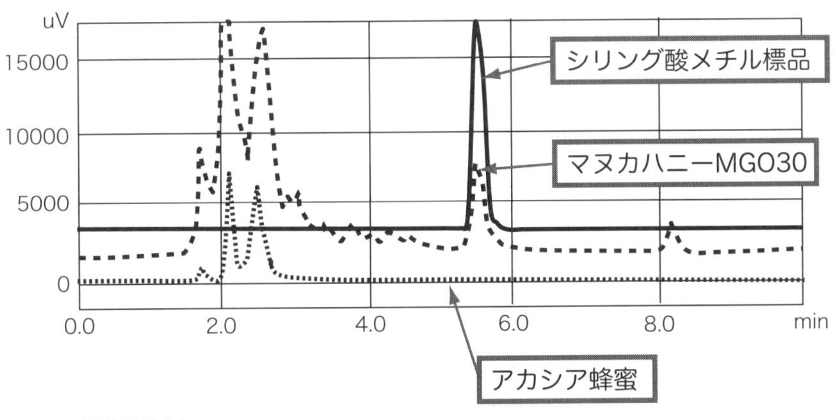

(HPLC 条件)
Column : phenomenax　Luna 5u C18(2) 100A ［00F-4252-E0］
{15cmX4.5mm I.D・粒子径 5μm}
Flow rate : 0.8ml/min. at 40℃
Eluent : メタノール - 水(50 : 50)
Detector : UV(300nm)

図 5-1　シリング酸メチルはマヌカハニーの特異的成分

そのため、抗酸化活性の指標となるラジカル消去活性もアカシア蜂蜜に比べ、高いことがDPPHラジカル消去活性評価法を用いて明かとなっています。

＊＊評価法に関しては**図5-4**をご参照ください。

(ハチミツ濃度 40mg/mL DPPH 濃度 0.2mM)

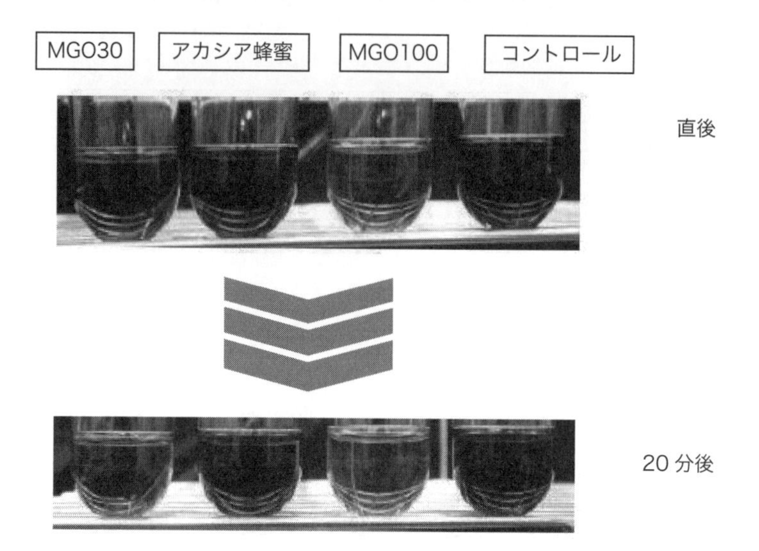

図 5-2 ハチミツのラジカル消去活性の比較

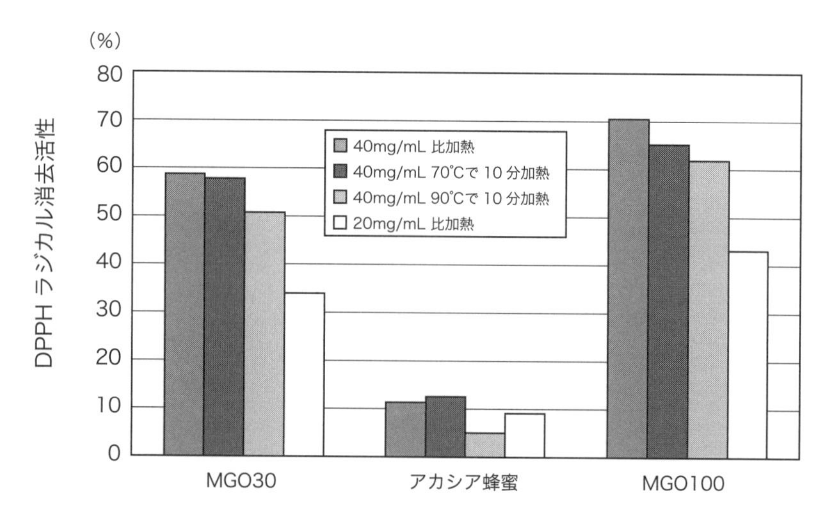

図 5-3 ハチミツの DPPH ラジカル消去活性の比較

試料の抽出は 50%エタノールを用います。抽出液を DPPH ラジカル溶液に添加し、吸光度を測定します。抗酸化力は抗酸化物質の一種であるトロロックス量（μmol）に換算して算出します。単位はμmolTE/g を用います。

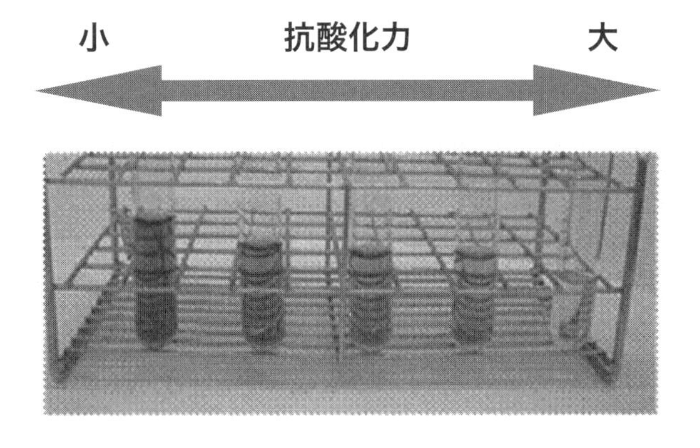

日本食品分析センターの HP から引用

図 5-4　DPPH 水溶液の色変化

そこで、シリング酸メチルを含むマヌカハニーとマヌカαオリゴパウダーの抗炎症作用を調べるために、炎症性サイトカインの代表であるTNF-αの産生抑制について検討しています。

図5-5に示すように、活性化中好性白血球（24時間37℃で培養）においてMGO400マヌカハニーにもTNF-αの抑制作用は観られますが、マヌカαオリゴパウダーには、さらに、効果的なTNF-αの産生抑制作用のあることが判明しました。

尚、TNF-αには骨吸収促進作用（骨を壊す作用）のあることが知られていますので、このTNF-α産生抑制作用も、既に紹介しました骨粗鬆症予防効果の理由の１つと思われます。

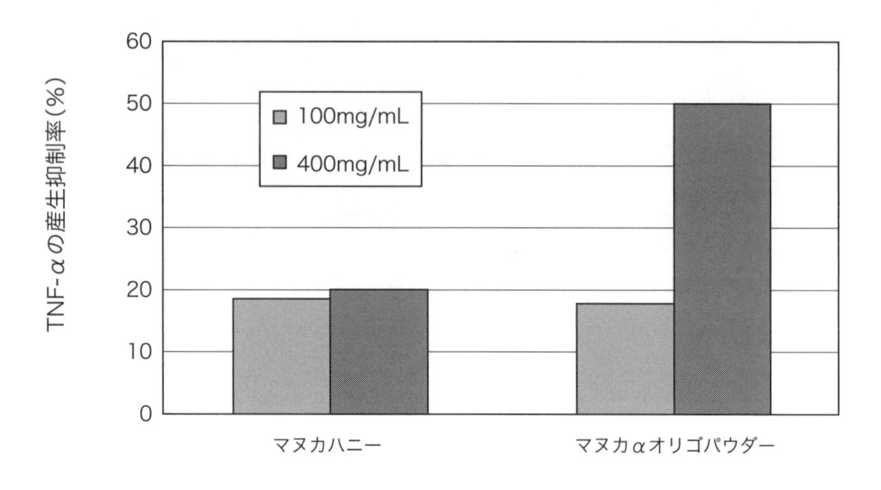

図 5-5　マヌカαオリゴパウダーの TNF-α産生抑制作用

マヌカαオリゴパウダーでTNF-αの産生抑制作用が向上した理由として、シリング酸メチルのバイオアベイラビリティ(生体利用能）がαオリゴ糖による包接によって向上したものと考えられます。

マヌカαオリゴパウダーのちから　その6.
低GI食品

GI値とは、Glycemic Index（グリセミック・インデックス）値の略です。食後の血糖値の上昇度を示す指標、つまり、食品中の炭水化物の吸収されやすさを表す指標として使われている値です。摂取２時間後までに血液中に入るグルコースの量を測ったものです。

GI値は**図6-1**に示すように、食後の血中グルコースの変化において測定開始時のラインから上の曲線下面積の比に100を乗じたもので定義しています。ブドウ糖が基準食品で、GI値は100です。血糖値の変化は個人差や日毎に変動があるために10名～12名の被験者に対して複数回測定することが国際基準として推奨されています。

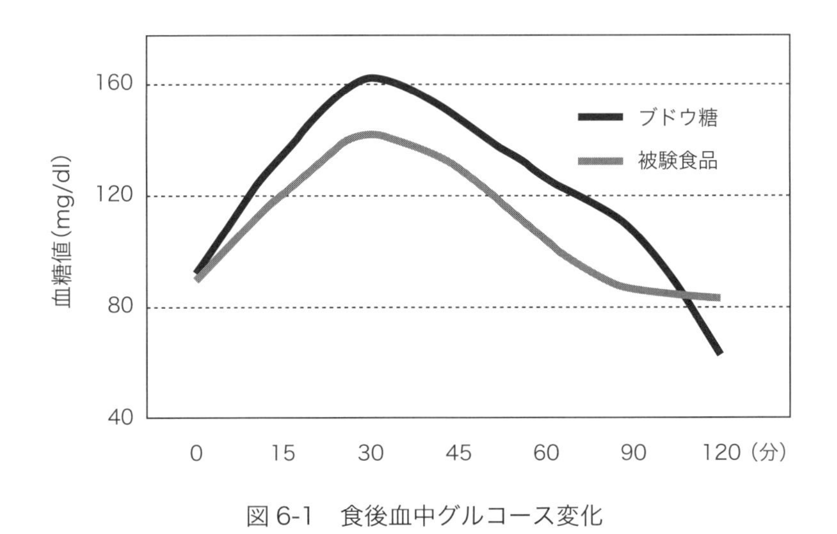

図6-1　食後血中グルコース変化

2003年、ＷＨＯから『肥満２型糖尿病の発症リスクを低GI食品が低減させる』という論文が発表されたことから、その後、多くの研究者や食品メーカーが注目し、食物繊維が多くエネルギー密度の少ない低GI食品の開発が進められるようになりました。

今や低GI食品は、現代人に急増している肥満、糖尿病、メタボリックシンドロームの予防と改善の観点からも見直されるようになっています。

そのような中、GI値を低減できる食物繊維として、難消化性デキストリンが注目されています。食品や飲料に難消化性デキストリンを５ｇ加えると『糖の吸収を抑える』や『脂肪の吸収を抑える』などと表示できることから、機能性表示食品の開発には多くの食品メーカーが採用しています。

難消化性デキストリンの中でも、αオリゴ糖という特別な“スーパー難消化性デキストリン”があります。このスーパー難消化性デキストリンは５ｇでなくて、２ｇで同様な効果（中性脂肪低減）が得られるのです。

通常の難消化性デキストリンは、主食を摂った時の炭水化物に含まれるデンプンからのグルコースの吸収阻害をしてくれるのですが、このスーパー難消化性デキストリンはデンプンだけではなく、間食に、砂糖の多く含まれる甘いものを摂った時にも、砂糖からのグルコースの吸収阻害をしてくれるのです。つまり、主食、間食、どちらの場合にも血糖値上昇抑制効果を持っているのです。

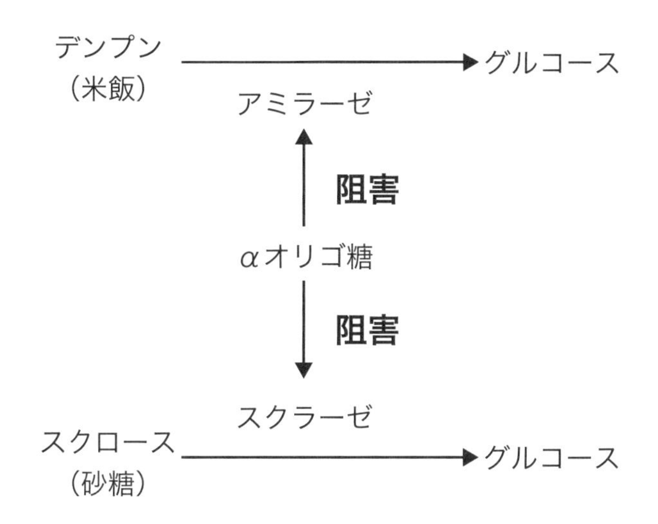

図 6-2　αオリゴ糖によるデンプンと砂糖からのグルコース吸収阻害作用

そのスーパー難消化性デキストリンであるαオリゴ糖とマヌカハニーを組み合わせたマヌカαオリゴパウダーのGI値がニュージーランドのOtago大学で測定されました。

一般のはちみつのGI値は84であり、高GI食品（70以上）のカテゴリーに入るのですが、マヌカハニーはGI値65であり、中GI食品（56～69）です。でも、低GI食品（55以下）ではありません（**図6-3**）。しかし、αオリゴ糖と組み合わせたマヌカαオリゴパウダーのGI値はなんと18でした（**図6-4**）。

このGI値は大豆、きのこ、海藻、緑黄色野菜といった食品と同等の最も低いGI値の食品のカテゴリーに入っています。

GI 値	食品
100	ブドウ糖（グルコース）
90-99	フランスパン
80-89	コーンフレイク、**ハチミツ**
70-79	フレンチフライ、ポップコーン、白米
60-69	砂糖（ショ糖）、サツマイモ、大麦パン、**マヌカハニー**
50-59	キウイ、バナナ、そば、うどん
40-49	ブドウ、桃、イチゴ、人参
30-39	リンゴ、西洋ナシ、ヨーグルト
20-29	グレープフルーツ、サクランボ、牛乳
10-19	果糖、大豆、きのこ、海藻、緑黄色野菜

図 6-3　各食品のグリセミック・インデックス（GI 値）

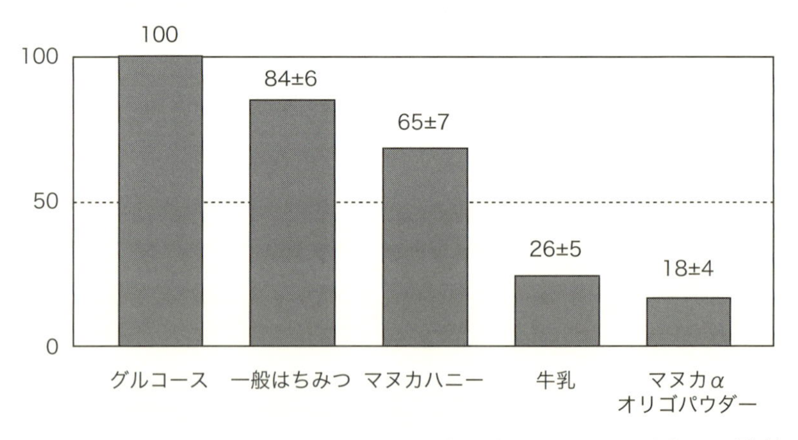

図 6-4　マヌカαオリゴパウダーのグリセミックインデックス

著者紹介

■寺尾啓二（てらお けいじ）プロフィール
工学博士　専門分野：有機合成化学
　シクロケムグループ(株式会社シクロケム、コサナ、シクロケムバイオ)代表
神戸大学大学院医学研究科客員教授
神戸女子大学健康福祉学部 客員教授
ラジオNIKKEI 健康ネットワーク　パーソナリティ

1986年、京都大学大学院工学研究科博士課程修了。京都大学工学博士号取得。専門は有機合成化学。ドイツワッカーケミー社ミュンヘン本社、ワッカーケミカルズイーストアジア株式会社勤務を経て、2002年、株式会社シクロケム設立。中央大学講師、東京農工大学客員教授、神戸大学大学院医学研究科 客員教授（現任)、神戸女子大学健康福祉学部 客員教授（現任)、日本シクロデキストリン学会理事、日本シクロデキストリン工業会副会長などを歴任。様々な機能性食品の食品加工研究を行っており、多くの研究機関と共同研究を実施。吸収性や熱などに対する安定性など様々な生理活性物質の問題点をシクロデキストリンによる包接技術で解決している。

著書
『食品開発者のためのシクロデキストリン入門』日本食糧新聞社
『化粧品開発とナノテクノロジー』共著CMC出版
『シクロデキストリンの応用技術』監修・共著CMC出版
『超分子サイエンス　～基礎から材料への展開～』共著　株式会社エス・ティー・エヌ
『機能性食品・サプリメント開発のための化学知識』日本食糧新聞社
　ほか多数

ラジオNIKKEI 健康ネットワーク　パーソナリティ
http://www.radionikkei.jp/kenkounet/
ブログ　まめ知識（健康編　化学編）
http://blog.livedoor.jp/cyclochem02/

健康ライブ出版社では本書の著者寺尾啓二氏の講演、セミナーなどの情報を随時お知らせしております。ご希望の方は kenkolivepublisher@gmail.com までメールをください。